QUESTION GÉNÉRALE

DE

L'ENSEIGNEMENT

A PROPOS DE L'ENSEIGNEMENT

SUPÉRIEUR

DE L'AGRICULTURE A L'ÉCOLE CENTRALE

PAR

F. ROHART

Manufacturier Chimiste, ancien Vice-Consul de France
en Norvège.

*Tout le monde peut avoir tort quand
tout le monde croit avoir raison.*

PARIS

LIBRAIRIE DE GARNIER FRÈRES

5, Rue des Saints-Pères, et Palais-Royal, 215.

—

1872

QUESTION GÉNÉRALE

DE

L'ENSEIGNEMENT

TYPOGRAPHIE ET LITHOGRAPHIE A. MICHELS

Passage du Caire, 8 et 10.

QUESTION GÉNÉRALE

DE

L'ENSEIGNEMENT

A PROPOS DE L'ENSEIGNEMENT
SUPÉRIEUR
DE L'AGRICULTURE A L'ÉCOLE CENTRALE

PAR

F. ROHART

Manufacturier-Chimiste, ancien Vice-Consul de France
en Norvége.

Tout le monde peut avoir tort quand
tout le monde croit avoir raison.

PARIS

LIBRAIRIE DE GARNIER FRÈRES

6, Rue des Saints-Pères, et Palais-Royal, 215.

—

1872

QUESTION GÉNÉRALE

DE

L'ENSEIGNEMENT[1]

I.

M. le ministre de l'agriculture et du commerce a décidé par un arrêté du 7 mars 1872, rendu sur la proposition du Conseil de perfectionnement

[1] La question de l'enseignement supérieur de l'agriculture, à l'Ecole centrale, examinée ici incidemment, n'est qu'une sorte d'entrée en matière, une Introduction à la question générale de l'enseignement.

de l'École centrale des arts et manufactures, qu'il serait organisé à cette
école un enseignement *supérieur* agricole.

La réalisation de cette idée a soulevé
des doutes, des incrédulités et quelques
objections critiques. Le sujet touche
si directement aux plus réels intérêts
et surtout à l'avenir de l'agriculture,
qu'on ne saurait l'examiner trop at-
tentivement. L'agriculture, c'est tout
ce qui est utile, car, en vraie réalité,
tout nous vient de la terre : alimentation et source des matières premières indispensables au travail ; on
l'oublie trop souvent.

Tout d'abord, nous étions au nombre
des incrédules, à l'égard de cette
nouvelle création, nous ne pouvions,

à première vue, concevoir l'enseignement de l'agriculture au milieu des
rues de Paris, c'est-à-dire loin de la
vie des champs, sans la terre, sans la
charrue, sans les bestiaux, sans les
bouveries et les bergeries, sans la
prairie, sans les bois et sans les ins-
truments de travail, en un mot, sans
rien de ce qui constitue la ferme ou
l'ensemble des travaux agricoles proprement dits.

C'est là, en effet, une de ces objections simples qui frappent de suite
tout le monde, qui semblent inspirées
par le plus vulgaire bon sens, mais qui,
en réalité, ne sont consistantes que par
le côté des apparences. Aussi, comme
il y a loin de ces premières et trom-
peuses impressions à celles qui arrivent

en foule à l'esprit, quand l'esprit veut
bien se donner la peine de faire un
petit effort, d'aller au fond des choses,
de scruter les faits et d'en dégager
les enseignements utiles qui en dé-
coulent toujours.

L'artiste qui a eu, le premier, l'idée
de faire sortir la vérité du fond d'un
puits, a fourni aux hommes, sous une
forme saisissante et surtout charmante,
un enseignement philosophique de la
plus haute portée. C'est qu'en effet,
il est vraiment nécessaire d'aller au
fond des choses si l'on veut avoir l'es-
pérance d'en faire sortir une vraie
vérité.

Notre premier mouvement, insuffi-
samment réfléchi, était donc contraire
à l'idée d'un enseignement agricole

supérieur à l'École centrale lorsque a paru le remarquable programme, ou plutôt l'exposé de motifs de M. Dumas, président du Conseil supérieur des études. Il n'a pu nous convaincre *ex abrupto*, mais il nous a singulièrement obligé à réfléchir, et, finalement, nous sommes arrivé aux mêmes conclusions après avoir recherché la lumière et la vérité dans des faits qui sont hors de toute contestation.

II.

On a dit que l'agriculture était tout
à la fois une science et un art. C'est
vrai, mais on n'a pas encore assez dé-
montré cette vérité. Essayons d'en faire
la démonstration, car c'est fondamen-
tal ; toute question bien posée est à
peu près résolue. L'agriculture de tous
les pays, de toutes les régions est véritablement une science quand on la
considère dans son ensemble, dans sa
généralité, dans l'étendue et dans la
diversité des connaissances qu'elle

exige pour être simplement comprise, mais surtout pour être pratiquée d'une façon sérieuse. Elle est véritablement une science quand on l'envisage dans chacune des branches scientifiques qu'elle embrasse, et qui composent ce grand tout dans lequel les individus et les nations trouvent la certitude du *panem nostrum quotidianum*. Mais aussi l'agriculture est véritablement un art quand on l'examine au point de vue de l'application, parce que l'intelligence de l'exploitant et les qualités actives et positives dont il est doué, jouent là le plus grand rôle, en raison de la mobilité et de la variabilité des circonstances qui s'imposent à lui.

Une première conséquence découle

logiquement de cette double définition,
sur laquelle, d'ailleurs, tout le monde
est d'accord, à savoir qu'au point de
vue d'un enseignement *supérieur* les
connaissances agricoles ne peuvent
qu'être scientifiques et générales puisqu'il n'est possible de les spécialiser
que dans l'application, dans la pratique
journalière, par la raison que dans
chaque région agricole on est nécessairement obligé de tenir compte des
influences de sol, de climat, de lati-
tude, d'altitude, de prédominance de
telle ou telle culture, sans parler du
côté commercial de la question, que
l'on perd trop souvent de vue, et qui a
cependant une grande importance.
Chaque exploitation est donc influen-
cée, et souvent subordonnée, dans

toutes les régions culturales, à la topographie du pays, à sa situation géographique, au prix de la main-d'œuvre, à l'abondance ou à la rareté de celle-ci, à l'éloignement ou au rapprochement des grands centres de population où se trouvent les plus grands marchés, à la facilité des transports et des échanges, au prix de revient du combustible, et à une foule de circonstances et de considérations économiques qui varient nécessairement suivant chaque localité et qui exercent la plus grande influence sur la direction des travaux de la ferme. C'est ainsi que, fréquemment, tel chef de culture très-habile comme praticien, mais élevé dans le Nord, pourra être incapable dans le Midi, et *vice versâ*.

On peut donc dire de l'agriculture, considérée dans son ensemble, que si elle est véritablement une science au point de vue général, elle est véritablement un art quant aux applications particulières et surtout un art essentiellement local puisqu'il est subordonné à un grand nombre de circonstances auxquelles l'exploitant doit obéir. Donc il est impossible de formuler, scientifiquement, un absolu, quant à l'application. Donc encore, la science agricole proprement dite, c'est-à-dire un enseignement supérieur ne peut et ne doit que *généraliser*, puisque la pratique seule peut *spécialiser*, puisque les conditions particulières d'exploitation changent souvent d'un département à un autre,

quelquefois même d'un arrondissement
à un autre, et que c'est là, précisément,
ce qui constitue le mérite, l'habileté,
l'art de l'exploitant, dont le talent
consiste en réalité, à adapter des connaissances générales à la situation
particulière dans laquelle il se trouve.
En effet, il n'y a et il ne peut y avoir
qu'une science agricole pour le monde
entier, mais au point de vue de la
technologie rurale proprement dite,
les systèmes de culture, tous dépen-
dants des milieux dans lesquels on
les pratique, se compteraient par
milliers! Cela n'est pas contestable.

Voilà ce que le raisonnement et
les faits indiquent clairement, ce qu'ils
permettent de voir distinctement, mais
afin de ne pas nous égarer, interro-

geons d'autres faits. « Le meilleur ar-
gument à invoquer en faveur d'un
système d'études, c'est le résultat. »
Apprenons à étudier à l'école des faits.

III.

M. Boussingault, qui est certainement à mettre au premier rang et hors
ligne, parmi les agronomes qui ont
pratiqué l'agriculture, est élève de
l'Ecole des Mines de Saint-Etienne,
et non d'une école pratique d'agriculture.

Le comte de Gasparin, dont les travaux ont exercé un mouvement général si favorable en faveur du progrès et des intérêts agricoles, est dans le même cas que M. Boussingault ; il n'est sorti d'aucune école spéciale d'agriculture, mais a passé deux années d'études à l'Ecole vétérinaire de Lyon.

Mathieu de Dombasle ne fut élève d'aucune grande école. C'est le P. Vaultrein, de la Compagnie de Jésus, physicien instruit, qui commença l'instruction scientifique du fondateur de l'Ecole de Roville, et ce fut Braconnot qui lui donna, à Nancy, les connaissances chimiques qu'il avait jugées indispensables pour se livrer avec fruit à la pratique comme à l'enseignement agricole.

Auguste Bella, le digne fondateur de Grignon, était attaché, dans sa jeunesse, à la carrière des armes, et c'est pendant son séjour à Zell, en qualité d'aide de camp, qu'il connut Thaer, et qu'il prit intérêt aux leçons du maître, mais sans que l'on puisse dire positivement qu'il devint son élève. Ajoutons, d'ailleurs, à titre de renseignement qui trouve sa place ici, que Thaer lui-même était bien plus un savant, un scientifique qu'un praticien de l'agriculture, car il était, à cette époque, médecin du roi de Hanovre.

Quoi qu'il en soit, c'est au contact d'Albrecht Thaer que s'est manifesté chez Auguste Bella le goût, et on peut dire l'amour de l'agriculture, qui s'est développé chez lui dans ses campagnes militaires à travers l'Europe, puis à Lemant, près de Chambéry, et plus tard dans la Lorraine-Allemande, où Auguste Bella s'était réfugié en 1815, et où il cultiva la ferme du Ritterwald, qui le rendit capable de fonder ensuite l'Ecole de Grignon.

C'est dans l'édition de Chaptal, qui longtemps a voyagé sous son porte-manteau, qu'Auguste Bella a puisé ses premières connaissances chimiques, mais en somme nous voyons encore que le glorieux fondateur de Grignon a trouvé ses inspirations et ses résolutions dans des travaux scientifiques, et non pas dans une école pratique d'agriculture.

M. François Bella, l'amour filial fait homme, qui porte si dignement le culte de son glorieux père, a profité, sans doute, des enseignements paternels, à l'Ecole même de Grignon, mais enfin il est sorti de l'Ecole centrale.

M. L. Moll est particulièrement élève de Roville, et nous allons voir qu'il est presque le seul qui se trouve dans ce cas spécial.

M. Dailly est de l'Ecole centrale, et il y est entré à la sollicitation du baron L.-J. Thenard auprès de M. Dailly père.

M. Chevandier de Valdrôme, silviculteur très-distingué ; M. H. Marès, l'un de nos plus grands viticulteurs, et M. Cail fils, qui fait valoir aujourd'hui l'une de nos plus importantes exploitations agricoles, sont tous de l'Ecole centrale. Beaucoup d'autres,

parmi leurs anciens camarades et
condisciples qui font également de
l'agriculture (et de la meilleure), n'ont
pas encore la même notoriété, mais ils
l'atteindront, si même ils ne la dépas-
sent.

Parmi les agriculteurs et les agronomes sortis de l'Ecole polytechnique,
n'oublions pas MM. J.-A. Barral ; Pe-
pin-Lehaleur ; Puvis ; de Carayon-La-
tour ; de Faucompré ; L. Riant et
F. Riant, exploitants à la Salle de
Vieure (Nièvre) ; Teisserinc de Bort ;
le commandant Coignet, ancien officier du génie ; Petit, fabricant de sucre
dans la Haute-Saône ; de Moly, à Tou-
louse ; d'Avrincourt, agriculteur dans
le Pas-de-Calais ; le comte Odart ;

M. de Tracy ; et surtout M. Tourret, auquel est resté le nom de seul vrai ministre de l'agriculture, que l'opinion publique paraît lui avoir unanimement accordé. Nous pourrions en désigner beaucoup d'autres, sans oublier MM. Benoist-d'Azy et plusieurs lauréats de la prime d'honneur de l'agriculture, mais il nous semble inutile de multiplier ces citations.

Il est probable, et peut-être certain que si l'on demandait à M. Boussingault et à la plupart des hommes éminents ou distingués que nous venons de nommer, comment ils ont appris l'agriculture, ils répondraient : En la pratiquant. Il faut bien qu'il en soit ainsi, puisque, à l'exception de M. Moll, pas un seul de ces noms n'appartient spécialement à une école pratique d'agriculture.

De même, si l'on reprenait un à un chacun des noms des hommes éminents ou distingués qui sont sortis en si grand nombre de cette riche pépinière industrielle de l'Ecole centrale , et qu'on leur demandât comment ils ont appris l'industrie , ils répondraient tous : En la pratiquant. Et en effet, les élèves qui partent diplômés de l'Ecole centrale comme mécaniciens, métallurgistes , chimistes , constructeurs , ne sont pas des industriels quand ils sortent de là, pas plus qu'on ne sort général de Saint-Cyr ou de Saumur, ou même de l'Ecole polytechnique ; ils ont simplement emporté le bagage nécessaire pour devenir des industriels, des

chefs d'usine et des manufacturiers ;
ils ont appris à observer, à étudier, à
chiffrer, à analyser, à se rendre compte
des pourquoi et des parce que du travail, à trouver la raison d'être des
choses dans les lois générales qui sont
le fondement de tout.

Au fond, qu'est-ce que fait l'industrie ? Qu'est-ce que fait l'agriculture ?
A quoi se résument leurs efforts ? A
produire des utilités. Pour cela, que
font-elles, l'une et l'autre ? Elles met-
tent de la matière en œuvre, et pour
agir sur cette matière elles emploient
des forces qui sont chimiques, mécaniques et physiologiques. Toutefois,
ces dernières sont plus spéciales à
l'agriculture ; mais, au fond, la donnée
générale est sensiblement la même, les

moyens employés sont sensiblement les mêmes, et les résultats économiques et sociaux sont absolument les mêmes. C'est tout simple : l'agriculture n'est qu'une industrie, une variante de l'industrie, l'une des formes particulières de l'industrie, mais enfin, d'une manière générale, c'est bien une industrie.

Dans l'ordre des sciences physiques et mathématiques, il n'y a pas de lois particulières à l'industrie, pas plus qu'à l'agriculture ; elles sont une, et le magnifique exposé de motifs de M. Dumas s'exprime, à ce sujet, d'une façon saisissante : « Il n'existe pas de mécanique, de physique, de chimie, ni d'histoire naturelle agricoles. Celui qui possède le vrai sentiment de ces sciences les applique à l'agriculture aussi bien qu'à l'industrie, et descend des principes aux faits particuliers. Celui qui en ignore les règles et les méthodes remonte difficilement, au contraire, des faits qu'il ne sait pas voir à des principes qu'il ne connaît pas et qu'il serait obligé de découvrir ou d'inventer. »

Si les enseignements de la vie doivent compter pour quelque chose ici-bas, si les faits, la vérité et l'autorité des faits ont une valeur certaine, s'ils doivent enfin servir à nous éclairer, il faut bien conclure de ce qui précède qu'en réalité vraie tous les hommes de l'agriculture qui ont dignement marqué leur place parmi nous, depuis le commencement de ce siècle, et qui ont le plus contribué à faire le mouvement, le progrès, la vulgarisation des méthodes culturales raisonnées et perfectionnées, tout en restant des praticiens hors ligne et par conséquent de vrais maîtres, sont précisément ceux qui, élevés à l'école scientifique, ont su le mieux voir, observer, appliquer et enseigner. Voilà des faits, voilà des résultats, et on ne saurait les méconnaître. Il faut bien en tenir compte, à moins de vouloir faire du du système et du parti pris.

On devait s'attendre à ce résultat général, et, soit dit en passant, il est très-remarquable. D'ailleurs, quoi de plus précis, de plus net, de plus certain, de plus exact, de plus positif, de plus rigoureux que la méthode scien-

tifique (si admirablement décrite par
M. Claude Bernard), qui va sans cesse
de l'inconnu au connu, qui ne procède
que par constatations directes et qui
ne s'appuie que sur les lois naturelles ?
Appliquer n'est plus rien quand on
s'est appris à voir, à bien voir, à bien
observer, à bien comprendre. Voir
clair est donc le premier, le plus
grand, le plus impérieux, le plus absolu de nos besoins; eh bien, l'enseignement scientifique peut *seul* y satis-
faire. Donc il faut réclamer, pour l'a-
griculture, l'enseignement scientifique
supérieur; c'est là qu'est la voie, c'est
là que sera l'avenir, c'est là que sera
la solution. M. Barral l'écrivait il
y a quelques jours avec beaucoup
de raison : « Ici comme partout,

il n'y a de salut que par les hommes
d'élite. »

Il ne faut donc pas s'embarrasser de
petits détails, ni se perdre dans de
mesquines considérations qui ne re-
posent trop souvent que sur des appré-
ciations purement personnelles menant
droit à des conséquences qui ne tien-
dent à la logique et à la raison que
par les apparences. Les vrais enseignements sont dans les faits et dans
les résultats ; voilà pourquoi nous
avons évité de nous en écarter. L'É-
cole centrale a fait des ingénieurs
pour l'industrie, pourquoi n'en ferait-
elle pas désormais pour l'agriculture ?
Il n'y a pas là d'inconnu, c'est un bon
et bel arbre qui a donné d'excellents
fruits. Pourquoi ne le grefferait-on

pas au profit de l'agriculture? N'avons-nous pas aussi le devoir de nous souvenir que l'École centrale est l'une des plus grandes, des plus utiles et des plus glorieuses créations de ce siècle? Nous l'admirons d'autant plus, quant à nous, qu'elle a été surtout une œuvre de dévouement et que l'honneur patriotique de sa fondation revient tout entier à l'initiative privée de quelques hommes de cœur unis dans un même sentiment d'amour pour la grandeur de la patrie (1).

---

(1) Les fondateurs de l'Ecole centrale ont été MM. Dumas, Lavallée, Olivier, Péclet et Benoît, auxquels s'adjoignirent, plus tard, comme conseil de perfectionnement et comité de patronage, MM. Brongniart, Poisson, Payen, Thénard, d'Arcet, Chaptal, Arago, Casimir Périer et J. Laffite. Il ne reste de cette glorieuse phalange scientifique

Nous n'oublions pas du tout qu'en dehors des noms que nous venons d'indiquer, l'Institut agronomique de Versailles (fondé en 1848 et détruit en 1852), tout à fait spécial au point de vue de l'enseignement technique agricole, a produit des sujets distingués. Nous n'oublions ni M. H. Besnard, ni M. Tisserand, ni M. Prilleux, mais nous serions très-aise d'apprendre, de la bouche même de ces messieurs, quelle part revient au juste, dans leur instruction agricole, aux terres et aux bestiaux de l'Institut de Versailles, comparativement à l'ensemble de l'enseignement supérieur

---

et politique, que M. Lavallée et M. Dumas, l'illustre secrétaire perpétuel de l'Académie des sciences.

proprement dit? Nous respectons les
convictions sincères de quelques
hommes auxquels on a pu persuader
qu'un nouvel Institut agronomique
était absolument nécessaire, mais nous
croyons savoir aussi que ce projet
cache beaucoup de petites espérances
personnelles s'abritant volontiers der-
rière le parfait amour et le parfait bon-
heur de l'agriculture. Qui vivra verra.

L'un des hommes les plus autorisés
dans la question, et que nous venons
de citer plus haut, nous dit dans une
lettre qui nous arrive à l'instant : « La
science agricole n'est pas faite, et c'est
par l'étude des faits seuls qu'on la
fera avancer. » D'accord. Mais qui
fera bien l'étude de ces faits ? Sont-ce
les élèves qui sortent des écoles régio-

nales ou ceux qui sont initiés à toutes
les difficultés, à toutes les exigences
de la méthode scientifique? Savoir
étudier des faits agricoles, mais c'est
tout une étude, et, hormis de rares
exceptions, ce n'est pas parmi les praticiens proprement dits que l'on trouve
de bons observateurs, par la raison
qu'ils n'ont pas reçu l'instruction spéciale pour cela.

Donc, encore une fois et pour nous
résumer, un enseignement agricole
supérieur ne peut être et ne doit être
que scientifique, et tout ce qui touche
au *modus faciendi* de l'agriculture,
au métier proprement dit, doit être
renvoyé aux écoles régionales qui sont
seules en vraie situation de spécialiser,
c'est-à-dire d'appliquer, d'approprier

à des circonstances particulières, dé-
terminées, les principes et les méthodes
scientifiques de l'enseignement supérieur. Tout cela est élémentaire au
point de vue du bon sens pratique.
Les écoles régionales des départements seraient à l'agriculture ce que
sont les écoles des arts et métiers de
Châlons et d'Angers par rapport à
l'industrie, c'est-à-dire des écoles
professionnelles, consacrées surtout à
l'enseignement technique, comme le
sont déjà Grignon, Grand-Jouan et
La Saulsaie pour l'agriculture.

Sans doute, de bonnes écoles d'a-
griculture comme Grignon, La Saulsaie et Grand-Jouan, fondées dans
chaque région agricole, ne seraient pas
de trop; elles réaliseraient tous les

desiderata de l'agriculture, parce qu'on pourrait y pratiquer spécialement l'enseignement agricole en l'appliquant aux exigences locales, aux besoins spéciaux de chaque contrée, mais comme il n'y a pas à espérer une telle bonne fortune, il faut bien nous en tenir à ce qui est possible à cette heure, avec le moins de dépenses pour l'Etat, sans perdre de vue qu'un Institut agronomique, quel qu'il puisse être, ne saurait être qu'une création purement scientifique, attendu que la spécialisation de toutes les méthodes culturales lui serait impossible, et que, le pût-il, il ferait double emploi avec toutes les écoles régionales réunies, mais en raccourci et d'une façon tout à fait incomplète.

Résumons-nous en quelques mots.

Vous voulez développer l'agriculture en appelant à son aide des intelligences et des capitaux? Faites des succès; cela sera plus convaincant, et bien autrement efficace que la création d'un institut agronomique.

La science agricole fait bien moins défaut que tout le reste, remarquez-le; tous les progrès importants réalisés par l'agriculture, ou au moins au profit de l'agriculture — et ils sont nombreux — sont dus surtout à l'invention, et par conséquent à la science agricole. Ce sont elles qui ont créé le drainage, c'est-à-dire l'assainissement des terres; la machinerie agricole, qui supplée si heureusement, mais encore dans une mesure insuffisante, à l'insuffisance de la main-d'œuvre; la fabrication du sucre, c'est-à-dire la production du bétail au moyen de la pulpe de betteraves; la distillation de cette même betterave qui permet maintenant de laisser à la consommation individuelle toute la production vinicole, au lieu de distiller le vin, comme autrefois, pour avoir de l'alcool; la découverte et l'exploitation des gisements de phosphates miniers, la transformation de ceux-ci en superphosphates, et enfin l'aménagement général des engrais, sont autant de moyens de suppléer à l'insuffisance des fumures, et par conséquent d'accroître la production agricole au profit de tout le monde

Qui a imaginé ou trouvé tout cela?

Des ingénieurs, des chimistes, des constructeurs, c'est-à-dire précisément tous les spécialistes que l'on forme à l'École centrale. *Jamais* un institut agronomique quelconque ne donnera à l'agriculture autant d'hommes utiles que l'École centrale.

<div style="text-align:center">~~~~~~~~</div>

IV.

Abordons maintenant le point de vue général de l'enseignement.

Si, comme nous venons de le voir,

l'instruction supérieure a pu produire des hommes utiles et fournir des maîtres à l'agriculture et à l'industrie, en même temps qu'elle a fait des praticiens distingués, il ne faudrait pas néanmoins se hâter de conclure, d'une façon absolue, dans le sens de l'instruction seule, comme on l'a fait beaucoup trop, selon nous, dans ces derniers temps.

L'instruction est évidemment un élément de succès, mais ce n'est pas tout; c'est l'un des termes de la question générale de l'enseignement, mais ce n'est pas toute la question qui, au point de vue social, doit avoir pour objet de faire le plus grand nombre possible d'individualités marquantes et d'hommes complets, puisque les sociétés ne valent que ce que valent les individus qui les composent.

En remontant à l'origine de tous les peuples, on les trouve pauvres et ignorants au début, c'est-à-dire sans capital, sans instruction, sans aucun des moyens d'action si nombreux et si puissants que nous possédons aujourd'hui. Pourtant, et j'en appelle ici au souvenir glorieux de nos pères, ils ont su s'élever de toutes les façons ; ils ont su faire la grandeur de la patrie, sa prospérité, son capital, en un mot l'aisance générale et particulière, tout en posant les glorieux fondements des sciences que nous admirons aujourd'hui, et qui ont si puissamment contribué à illustrer et à enrichir ce siècle. A la place de l'instruction et du capital, nos pères avaient simplement des qualités. Donc l'instruction n'est pas tout, comme on se le persuade beaucoup trop. Tout le monde peut avoir tort, quand tout le monde croit avoir raison.

Est-ce que le paysan proprement dit, le laboureur qui cultive lui-même son lopin de terre et qui réussit, qui prospère, qui s'élève, à force de labeurs, au-dessus de sa condition première, et qui a créé une famille, possède autre chose que des qualités actives et positives ? C'est avec cela, avec cela seul, qu'il a débuté il y a quarante ans, comme bouvier, valet de ferme, petit berger ou gardeur de dindons. Aujourd'hui, il est affranchi ; ce n'est plus un salarié, il n'est plus

attaché à la glèbe; il a eu l'honneur
de conquérir son affranchissement par
le travail, de racheter sa dépendance ;
il s'est fait homme libre, il s'appartient, il est son maître, il fait valoir
lui-même, par lui-même, et, de plus, il
a donné à la patrie deux beaux grands
enfants qui, grâce à ses efforts, res-
teront affranchis à leur tour s'ils ont
simplement autant de courage et autant de cœur que leur brave père.

Il y a cent mille noms, et même plusieurs centaines de mille de noms à
mettre au bout de ces quelques lignes.
Remontez au point de départ de chacun de ces glorieux affranchis, et je
vous défie d'y trouver autre chose que
des qualités personnelles. Ne parlez
pas d'intelligence et d'instruction, elles

ne sont là qu'à l'arrière-plan, dans la pénombre du tableau.

Est-ce que le même fait ne se constate pas partout, dans toutes les couches sociales, dans toutes les classes, dans toutes les carrières ? Combien d'hommes à dénombrer dans cette foule qui sont absolument dans le même cas ? Donc l'instruction n'est pas tout ; c'est un moyen, mais ce n'est pas même le principal, puisqu'un grand nombre d'individus, très-favorisés sous ce rapport, mais dépourvus de qualités actives et positives, ne sont que des êtres négatifs quant à la valeur sociale, lorsqu'ils ne sont pas de véritables parasites.

Mais le paupérisme lui-même, hormis de rares exceptions, n'a pas d'autre origine première que l'absence, ou au moins l'insuffisance des qualités individuelles. Il est impossible d'y réfléchir un instant, sans arriver à cette conclusion. Cherchez dans la foule tous les fruits secs, toutes les non-valeurs sociales, et vous y trouverez, comme cause première, l'insuffisance des qualités personnelles. Mais le vol, la plupart des crimes et des infamies qui se commettent n'ont pas d'autre origine que l'absence des qualités. Vous voulez refaire le monde? Faites des qualités. Ce qui est la sauvegarde de chacun est la sauvegarde de tous.

La valeur individuelle et sociale n'est donc pas toujours proportionnelle au degré d'instruction ni même au développement de l'intelligence, mais elle est subordonnée, pour les masses principalement, à la somme des qualités de l'individu. Certainement il faut développer l'instruction, et nous y reviendrons spécialement, mais nous croyons fermement que le développement des qualités est non moins indispensable.

Demandez à toutes les grandes entreprises qui sont en pleine prospérité et dont les administrations peuvent être signalées comme des modèles, là où elles ont recruté leur personnel supérieur. Examinez de près chacune de ces individualités hors ligne qui sont l'âme vivante, le grand moteur, l'organe principal de ces magnifiques et utiles créations, et vous y trouverez surtout les fortes qualités inhérentes à l'individu, très-développées, tandis que l'instruction première a été souvent des plus incomplètes.

On a fait bien des enquêtes jusqu'ici, on n'en fera jamais de meilleure et d'une plus grande utilité que celle qui porterait sur ce point, car aucune autre ne saurait être plus importante dans un moment où il est si nécessaire de se préoccuper de la direction à donner à l'enseignement général, dans l'intérêt de l'avenir. C'est là que ressortirait clairement, nettement, distinctement la thèse que nous soutenons ici, c'est-à-dire la nécessité de la prédominance des qualités avant tout, par-dessus tout, par la raison que la vraie force est celle que l'on tient de soi-même, de son propre fond, que l'on tire de ses qualités, qui sont inhérentes à l'individu, et parce qu'en outre c'est un bien insaisissable, inaliénable, imprescriptible, c'est-à-dire l'un des plus précieux bienfaits, puis qu'on ne peut en être dépossédé ni par la force, ni par la ruse, ni par la violence.

Sans doute cette inaliénabilité est également vraie pour l'instruction proprement dite, mais cette dernière n'est pas la principale des nécessités de la vie, c'est l'accessoire, c'est le complément nécessaire de l'éducation, c'est la dorure de l'édifice, mais ce n'est ni sa charpente ni sa fondation. C'est le levier, si l'on veut, mais certainement ce n'est pas le point d'appui.

Nous avons eu l'honneur de voir de

très-près la plupart des hommes dont
nous avons cité les noms, de vivre un
peu à côté d'eux, sous leur toit, et rien
ne nous a plus frappé que ce développement, souvent très-remarquable,
des qualités actives et positives si for-
tement accusées chez quelques-uns.
Les gens qui n'ont pas vu, qui ne savent pas, par conséquent, qui ne connaissent le monde que de loin, ne se
doutent guère de ce qu'il y a, bien
souvent, de mérites personnels associés
à la fortune et à l'instruction. Non, la
naissance n'est pas tout, non la fortune
n'est pas tout, et si vous remontiez à
l'origine de la plupart de ces grandes
situations, vous n'y trouveriez pas autre chose qu'un ancêtre chez lequel
les solides et positives qualités de l'in-

dividu étaient des plus développées. Demandez à la maison Rothschild et à cent mille autres quel a été leur point de départ, voilà ce que vous y trouverez, et souvent, bien souvent, en dehors des faveurs de l'instruction. Tant que les qualités se maintiennent ou s'élèvent dans la famille, elle prospère ; si les qualités diminuent, la famille cesse de prospérer. Voilà les faits, voilà la vérité, et c'est là que sont les enseignements. Donc ce sont les qualités qui font tout, qui créent tout, qui sont tout, par conséquent, aussi bien pour l'être individuel que pour le groupe qui s'appelle la famille, que pour la nation elle-même. Ce sont des hommes de qualité qui ont fait la France heureuse, puissante, prospère, qui ont assuré sa force et sa grandeur, tandis que ce sont les parleurs de ce temps-ci qui l'ont mise là où elle est, qui l'ont gravement compromise. Les premiers, plus gaulois que diplomates, et plus charpentiers que doreurs, étaient des hommes d'action et de labeur ; les autres, hommes sans qualités actives et positives, n'ont trop souvent représenté que des valeurs de convention, d'apparat, c'est-à-dire des capacités parlantes et des talents de parole.

On dit : Tant vaut l'homme , tant vaut la terre, tant vaut la chose. C'est bien vrai ; mais il serait bien plus juste de dire : Tant valent les qualités de l'individu, tant vaut la chose. Et en effet , quand nous reprenons un à un ces ruraux de la fortune et de l'instruction, dont nous venons de parler, quand nous nous souvenons de la somme de travail utile et productif accompli par chacun d'eux, chaque jour, bien que chacun d'eux puisse aisément s'en dispenser et mener la vie facile, il nous est impossible de nous défendre d'un juste sentiment d'admiration et de respect. Certainement il y a là les conditions les plus favorables pour assurer le succès et continuer la prospérité, mais encore cela ne se maintient pas et ne se transmet pas de génération en génération, sans les efforts personnels, c'est-à-dire sans l'activité, l'ordre, l'économie, l'amour du travail, la persévérance, la continuité des efforts, et toutes les qualités d'exactitude et d'initiative qui font les

bons organisateurs et les bons administrateurs. Donc, encore une fois,
l'instruction n'est pas tout.

Combien de femmes remarquables,
que des malheurs de famille frappent
tous les jours, et qui se montrent souvent supérieures à leurs maris dans la
gestion des plus grandes affaires agricoles, industrielles, commerciales, et
même jusque dans la finance. Ont-elles
autre chose à leur aide que de solides
qualités? Quelle instruction scientifique ou professionnelle ont-elles reçu? Tout cela donne singulièrement à
réfléchir. Le capitaliste qui comman-
dite un jeune homme, le patron qui
laisse à un brave garçon une suite
d'affaires, la Banque de France elle-
même, qui donne toute sa confiance à

un censeur, s'inquiètent-ils des certificats d'étude et des diplômes? Ils ne recherchent qu'une chose : des qualités, et ils ont raison, cent mille fois raison. Que d'enseignements dans tout ces faits?

A moins de certains petits calculs particuliers, un père de famille qui a du jugement, ou simplement du bon sens, s'occupera bien moins des grades universitaires de monsieur son futur gendre que de ses qualités personnelles, parce que ce sont les qualités qui font la valeur de l'individu, parce qu'elles représentent des garanties positives et qu'elles sont la meilleure sauvegarde. Ce n'est pas là une appréciation seulement, ce sont des faits et les réalités de la vie intime, photographiées sur le vif. Donc ce sont les qualités qui ont la plus grande valeur, puisque ce sont elles qu'on apprécie le plus, et qui donnent partout les résultats les plus certains.

Étendons nos regards au loin et autour de nous.

A quoi l'Amérique et l'Angleterre doivent-elles leur puissance et leur grandeur, sinon à ces qualités positives qui les distinguent, et qui leur ont permis d'élever, chez elles et au dehors, le travail et l'esprit d'entre-prise à leur plus haute puissance ? A l'origine, elles ont été comme nous; elles ont débuté avec des ressources insuffisantes. C'est avec le travail qu'elles ont tout créé, comme nos pères, c'est-à-dire avec les qualités viriles sans lesquelles les peuples, les nations et les individus ne sont *rien*.

Plus près de nous, de nos jours, qui a fait ce développement admirable de la Belgique? Quelle est la cause de ce phénomène si curieux au milieu de l'Europe? L'instruction proprement dite, et surtout l'enseignement scientifique et professionnel, n'est cependant pas plus répandue en Belgique qu'ailleurs. Allez au fond des choses, vous trouverez chez les Belges l'esprit d'initiative joint aux plus belles et aux plus solides qualités, comme chez les Anglais, comme chez les Américains ; mais, de plus, la femme belge travaille, et travaille d'une façon exemplaire. La femme est à la civilisation ce que le pouce est à la main ; c'est

le cinquième d'un tout qui vaut la
moitié de ce tout, quand sa fonction
est réellement complète. Comparez la
Belgique avec l'Espagne et l'Italie,
les deux nations les plus favorisées
sous le rapport de la richesse naturelle, de la fertilité du sol et du climat,
et concluez. Il en est des peuples
comme des individus : c'est par l'insuffisance de leurs qualités qu'ils pé-
rissent.

Ne négligeons aucun des enseignements que nous fournissent les faits :
si la noblesse s'est laissée vaincre
en 89, c'est qu'en s'énervant dans le
luxe et la mollesse des cours et dans
la vie facile, elle y a laissé une grande
partie des qualités actives et positives
qui lui avaient donné la suprématie,

le pouvoir, et qui faisaient sa force, sa puissance et sa grandeur.

Tout cela c'est justice. La victoire n'appartient qu'à ceux qui savent la conquérir et la conserver.

C'est une cause du même ordre qui a fait que l'Allemagne a pu nous vaincre en 1870 ; car il ne faut pas s'y tromper, si la supérioriété du nombre a été pour beaucoup dans les succès de l'Allemagne coalisée, les fortes qualités actives de l'individu et du groupe ont été énergiquement développées dans toute l'Allemagne, depuis 1815, tandis que le fait contraire s'est justement produit chez nous. Agrégation des masses, chez eux ; désagrégation chez nous, voilà le fait général. On ne récolte que ce que l'on a semé.

Voyons le fond des choses sur ce point, car il y a là un grand et salutaire enseignement. On dit que le fait le plus considérable qui se dégage au milieu de tant et de si douloureux événements, c'est l'insuffisance d'en haut, et qu'elle ne s'est pas démentie un seul jour. N'insistons pas, c'est trop pénible, et d'ailleurs les consciences honnêtes doivent être suffisamment éclairées. Mais si c'est la tête qui a fait défaut, l'instruction ne lui manquait pas, cependant, et dès lors, que devient donc l'instruction seule sans les qualités qui font le succès dans la vie civile, et qui assurent aussi la victoire sur les champs de bataille? Les Hoche, les Kléber et les Marceau, qui ont oublié d'aller à l'école, ont vaincu, ont triomphé, et grâce aux qualités personnelles qui les distinguaient, ils ont immortalisé leur drapeau, et ils ont sauvé la France.

V.

Un écrivain, dont nous ignorons le nom, a dit, dans le *Temps* du 7 septembre dernier : « Une chose, une seule pourrait nous sauver : la vérité dite à tous et sur tout. Grand sera le parti qui, ayant su la comprendre, libre de fanatisme comme d'indifférence sceptique, osera la dire hautement et la propager. Impossible d'échapper à cette alternative : ou nous rajeunir par une forte éducation générale, ou décliner jusqu'à ce que la fin vienne. »

Ce qui est juste est bien, mais il faut voir ce que devra être cette forte éducation générale dont parle l'auteur. Signaler des fautes, montrer la nécessité des réformes, comme moyen d'amélioration, ne suffit pas, il faut indiquer des solutions, les faire discuter et accepter, puis se mettre résolument à l'œuvre pour les appliquer. Mais en présence de la situation si douloureuse qui nous est faite par les événements, c'est un devoir, et l'un des plus grands devoirs civiques, de dire à cette heure tout ce qui peut être dit utilement, à propos de l'enseignement et de l'éducation des masses, sur les causes efficientes de nos malheurs, afin d'en prévenir le retour, s'il en est temps encore, et surtout pour réparer *solidement* d'aussi grands désastres. Oui, il faut dire la vérité utile, celle qui éclaire, et se bien garder de tout ce qui peut devenir une cause d'irritation et de trouble. Nous avons tous le devoir d'immoler, sur l'autel de la patrie, en faveur de la pacification.

Poursuivons donc, puisque chacun fait appel, en faveur d'une régénération, à l'initiative privée et à tous les hommes de bonne volonté. Qu'importe d'où vienne la lumière, pourvu qu'elle vienne. Les apôtres du Christ n'étaient ni des lettrés ni des orateurs, et ils ont fait plus pour l'humanité que beaucoup de lettrés et beaucoup d'orateurs.

Rien n'est plus rare aujourd'hui que les hommes qui possèdent simplement les qualités de leur état. C'est élémentaire cependant, surtout dans un siècle qui étale tant de prétentions ; mais, il faut bien le constater, on ne veut plus travailler ; chacun veut se dispenser de l'effort personnel ; ou, au moins, on n'a plus guère d'initiative que pour soi-même et pour les petits calculs de l'intérêt ou de la vanité. Mais l'Etat a le devoir de se souvenir que c'est la valeur des uni-

tés qui fait la valeur du tout, que les
individualités ne sont quelque chose
que par les résultats utiles et immé-
diats qu'elles procurent à la communauté ; que l'être individuel tire bien
plus sa force de lui-même et des qualités actives qu'il possède que de l'instruction seule, car celle-ci ne produit
trop souvent que des catégories d'habiles, habiles pour eux-mêmes surtout, n'affirmant que leur personnalité,
et dont le grand art consiste à faire
briller la fausse monnaie des apparences, à créer autour d'eux des dé-
pendances et à s'affranchir de tout
travail utile et productif. Avec l'instruction seule, les qualités s'en vont ;
mais l'éducation, une forte éducation
civique, pourra encore les faire revi-

vre, car elles ne sont qu'engourdies ;
la sève, la vieille sève gauloise y est
toujours.

De quelque côté qu'on envisage les
situations générales ou particulières,
les solutions ne manquent pas. Au
point de vue des intérêts du travail
national, les moyens d'action sont plus
nombreux et plus puissants que jamais,
mais dans presque tous les cas un peu
importants, ce sont les qualités des
hommes qui font défaut, sans parler
de l'impossibilité de faire aboutir une
idée juste, simplement patriotique,
sans le bon plaisir des coteries ou
des partis. Et, en effet, les difficultés
d'application, de réalisation, en matière de travail comme en toutes autres
choses, dépendent beaucoup plus au-

jourd'hui de l'insuffisance des hommes dont on a besoin que de la nature même des choses. Donc, les qualités s'en vont, ou au moins elles ne sont pas du tout à la hauteur des nécessités actuelles. Il ne faut pas craindre de le dire bien haut : l'instruction seule n'est trop souvent qu'un moyen de voiler l'insuffisance des qualités, et c'est avec les qualités que l'on fera la virilité et l'honnêteté des caractères. Toutes les qualités se touchent, tous les vices se tiennent.

Pénétrez dans toutes les couches sociales et le même fait navrant se constatera partout : on ne veut plus travailler, on se dispense de plus en plus de l'effort personnel. On ne pratique plus une profession, une carrière, on l'exploite ; on ne considère plus que le produit, le gain, le côté des bénéfices ; tout se réduit à une affaire qui rapporte tant en argent ou en vanité ; le reste n'est rien ou fort peu de chose.

On ne sert plus les situations, on s'en sert ; on ne sert plus son pays, on s'en sert. Dans les emplois, dans les bureaux, partout, c'est partout la même chose. Il faut aujourd'hui vingt employés là où il en fallait dix, et le travail est gâché. En Angleterre, dans les bureaux de l'Etat, c'est justement le contraire qui est arrivé, et chacun y produit aujourd'hui une moyenne de travail double de celle que l'on produisait autrefois. Au contraire, je citerais bien chez nous telle grande institution de crédit qui, avant les événements que nous venons de traverser, avait *deux cents employés de trop*. Je dis deux cents, et ils avaient été imposés par des considérations d'influence, de camaraderie, etc. Que de faits analogues de tous côtés. Quelles pépinières d'inutiles, de parasites, alors que le travail utile réclame partout des bras et des intelligences, et quelle honte! Est-ce bien ainsi que l'on peut faire une France? Aujourd'hui, la question n'est pas de trouver des solutions, mais des gens qui comprennent, et même qui aient assez d'honnêteté pour vouloir bien comprendre.

Ailleurs, on trouve partout des entrepreneurs et des constructeurs qui

ne savent guère ce que c'est que
construction raisonnée ; ce sont de
simples spéculateurs, très-négociants,
fort habiles, mais presque étrangers
au côté scientifique et professionnel
du métier. Le serrurier, le menuisier,
le charpentier, et même une foule
d'industriels qui touchent aux arts
chimiques et mécaniques, n'ont de
leur métier que la patente ; mais, ne
sachant rien des questions techniques
du travail, ils ne peuvent dès lors pos-
séder les qualités de leur état, et ne
sont que de vulgaires spéculateurs.
L'art de leur métier leur est inconnu ;
ce ne sont plus que des marchands en
boutiques. Ils ne sont pas au-dessus de
leur profession ; c'est leur profession
qui est au-dessus d'eux.

Doit-on s'étonner de ce résultat, de ces tendances presque générales vers la spéculation? Non. Tout y a contribué, et tout contribue encore à diminuer les efforts individuels au lieu de les accroître. Que ne peut-on pas faire à la mécanique, ou avec l'électricité, ou avec la vapeur, ou avec la physique, ou avec la chimie appliquées? Qui pourrait calculer de combien les efforts individuels ont été réduits, depuis un siècle, par ces applications si nombreuses, si économiques et si utiles par conséquent. Déjà on ne fauche plus, on ne fane plus, on ne bat plus, on ne bottèle plus, et bientôt on ne labourera plus, c'est la fonction de la vapeur. Dans l'industrie, on ne carde plus, on ne file plus, on ne tisse plus,

on ne scie plus, on ne dresse plus, on
ne rabote plus, on ne perce plus, on
ne forge plus, on ne taraude plus, on
ne filète plus ; les machines s'en char-
gent. Dans la vie domestique, combien
de simplifications ? Il n'y a plus qu'un
robinet à tourner. On ne marche
même plus, on va en voiture. Ainsi
du reste. Le témoignage de ces faits
a sa raison d'être : il n'y a pas de
petites questions pour qui veut aller
au fond des choses. Si nos aïeux pou-
vaient ressusciter et voir, ils ne man-
queraient pas de s'écrier : Mais c'est
merveilleux, tout se fait tout seul aujourd'hui, et ils auraient raison ; mais
il y a un revers à cette médaille, et
nous dirons à notre tour : Que sont
devenus les efforts individuels ? On

s'en dispense de plus en plus; on compte bien plus sur les combinaisons et les ressources de la science et de l'art que sur les efforts personnels, et le même fait s'est produit partout, jusque dans l'armée, jusque sur le champ de bataille.

Dans l'armée, l'effort individuel s'est amoindrit par la force même des choses, non seulement en raison des circonstances générales que nous venons de voir, mais parce que ce n'est plus la lutte corps à corps, ce n'est plus le soldat contre le soldat, l'homme d'une nation contre un autre homme, c'est le canon Krupp contre le canon Armstrong, c'est le chassepot contre le fusil à aiguille, c'est la boîte à mitraille contre un autre engin destruc-

teur, c'est la torpille contre le four-
neau de mine ; en un mot, c'est bien,
comme on l'a dit, une question de
chimistes et d'ingénieurs, c'est-à-dire
une question de moyens dans laquelle
l'effort individuel disparaît également
de plus en plus.

Pendant la douloureuse période du
siége de Paris, nous avons pu le constater bien souvent, chacun s'ingéniait
à imaginer des moyens de destruc-
tion, mais très-peu de gens comp-
taient sur eux-mêmes ; ils se torturaient
l'esprit pour trouver les moyens de
faire agir quelque chose à leur place,
pour faire leur besogne de soldat. Est-
ce que tout le monde n'en était pas
arrivé à se persuader, même au début
de la guerre, que les différents moyens

imaginés étaient suffisants et allaient
nous assurer la victoire? « Nous avons
des chassepots, nous avons des mitrailleuses ! » et chacun s'est endormi
tranquille avec cela, et tout le monde
a compté sur les chassepots et sur les
mitrailleuses, même les généraux,
probablement.

Faut-il s'étonner, après cela, le
jour où l'effort individuel fait défaut
dans les masses? Et si le pays a
besoin de compter dessus, à un moment donné, n'est-il pas juste d'y pré-
parer chaque génération?

Un fait très-remarquable s'est produit pendant la guerre. Nos hommes
de mer, ceux pour lesquels on a fait
le moins jusqu'ici, ont été les plus
intrépides et les plus braves. C'est que

la mer est une grande et rude école
dans laquelle chacun est obligé de se
suffire, de compter principalement sur
soi-même, et où l'énergie du caractère
est la meilleure bouée de sauvetage et
la plus solide de toutes les ancres de
miséricorde.

Tout a donc contribué, depuis bientôt un siècle, à annihiler, ou au moins
à amoindrir l'effort individuel; et la
grande faute, l'impardonnable faute
que l'on a commise, depuis cinquante
ans surtout, et que nous payons si
chèrement, si cruellement aujourd'hui,
c'est de n'avoir pas su prévoir ce
résultat qui était fatal, car il était dans
la force même des choses et dans les
faits de chaque jour, où l'on pouvait
le constater, le lire, le voir, le tou-

cher, en observant un peu. Et, symp-
tôme plus affligeant peut-être, on
pense peu, de moins en moins certainement, dans les masses surtout;
mais ce n'est ni le lieu ni le moment d'en signaler les causes principales, bien que la paresse de l'esprit
accuse un mal grave et profond auquel
il est temps d'aviser. Tout organe qui
qui ne fonctionne pas s'atrophie, toute
faculté qui ne fonctionne pas s'obli-
tère. C'est une loi physiologique à
laquelle sont soumis tous les êtres, et
il ne saurait y avoir de fonctions céré-
brales complètes sans le développement
normal de la pensée. Aussi, une foule
d'individus arrivent-ils au terme de
leur existence sans avoir pu s'élever
intellectuellement a-udessus de leur

point de départ. Malgré tous les enseignements de la vie, ils sont restés à
la même place, comme les bornes.

Le danger est rarement dans ce que
l'on voit, mais il existe presque toujours dans ce que l'on ne voit pas, ou
plutôt dans ce que l'on ne sait pas
voir. Le mal, l'une des grandes causes
du mal, c'est de n'avoir rien fait, rien,
rien, rien, en faveur de l'éducation
civique qui est tout, puisqu'elle fait
les qualités actives et positives de l'être
collectif et social, et que tout ce que
nous avons, tout ce que nous possédons de savoir utile, de capitaux et de
moyens d'action, n'a pas d'autre origine que les qualités.

Voilà qui eût été la meilleure et la
plus sage des politiques, mais hélas!...

nous avons politiqué, tous, et nous en connaissons maintenant les tristes résultats.

Écoutons ce qui se dit au dehors, autour de nous. Là aussi nous trouverons des enseignements dont nous avons grand besoin de profiter. « Notre grand et illustre voisin, le peuple français, n'aurait sans doute jamais éprouvé les effroyables malheurs qu'il a subis durant ces quinze derniers mois, si la nation avait eu cette espèce d'éducation qui donne l'habitude de ne compter que sur soi-même... Pour moi, je suis convaincu qu'après tout c'est dans l'énergie du caractère individuel, dans le sentiment de la responsabilité de chacun dans les affaires publiques, et dans les sages combinaisons qui font la part aux intérêts locaux, que nous devons voir la base large et solide sur laquelle est assis tout l'édifice de la grandeur nationale (1). »

M. Gladstone a raison, et il a bien fait de rappeler la nécessité de faire revivre l'énergie du caractère individuel, dans le sens du développement des qualités. Et, en effet, ce sont les efforts personnels de quelques hommes de labeur qui ont fait la fortune de ce siècle et amené une prospérité sans exemple jusqu'ici : l'industrie des chemins de fer, qui a transformé si merveilleusement et si avantageusement

---

(1) Discours de M. Gladstone à Aberdeen (septembre 1871).

toute l'économie du monde civilisé, est due à quelques inventeurs seulement. Il a suffi d'Arkwright seul pour simplifier et améliorer d'une façon merveilleuse toute l'industrie des fils. Jacquard a changé toute la face de l'industrie des tissus, au point de vue artistique et économique. Leblanc, le pauvre Leblanc, l'immortel Leblanc, a créé de toutes pièces l'industrie soudière, de même que Crespel-Delisse a la plus glorieuse part dans la fondation de l'industrie sucrière, qui a rendu et rend encore à l'agriculture les plus importants services. N'oublions pas notre immortel Bernard Palissy, agronome si remarquable, artiste et industriel si distingué pour son époque.

Dans chacun de ces illustres créateurs on trouve l'énergie du bien alliée à toutes les fortes qualités actives et positives qui font la valeur civique et les hommes utiles.

Voyons les faits généraux. Dans l'ordre intellectuel, la science *seule* à bien marché. Constatons les résultats, car les applications ne sont que les conséquences des conceptions. Les faits ne sont que les enfants des idées. Quand on songe à tout ce qu'il y a de travail accumulé dans un morceau de pain, dans un mètre d'étoffe, dans un kilogramme de sucre, et à quel prix le travail est parvenu à nous les donner, malgré l'augmentation des matières premières, de la main-d'œuvre et des droits, on reste émerveillé; mais si l'on cherche ailleurs des résultats

généraux de cette importance, si l'on
se demande, par exemple, ce que la
politique a produit depuis un demi-
siècle, on est profondément affligé, et
surtout découragé quand on songe à
l'avenir. Le travail seul nous a élevés,
lui seul nous a fait grands, et la politique seule nous a amoindri; elle est
l'unique cause de tous nos malheurs.

Faire des hommes utiles, aussi
complets que possible, c'est donc le
devoir de l'État, et c'est surtout le
devoir de tout le monde d'y aider,
mais particulièrement de ceux qui ont
chaudement à cœur l'amour de la
patrie. Ils doivent s'efforcer de contribuer à ce résultat dans les limites de
leur patriotisme, de l'instruction qu'ils
ont pu acquérir, de l'expérience qu'ils

ont accumulée, et de l'intelligence dont ils sont doués. Toute la puissance des nations réside dans la somme des qualités actives et positives qui ont leur source dans les masses, et la série des malheurs que nous venons de traverser renferme de graves et douloureux enseignements qui ne doivent pas être perdus pour l'avenir.

On a eu raison de s'attacher beaucoup aux perfectionnements des races d'animaux de boucherie, des machines et des outils, mais on aura bien plus raison en faisant désormais de sérieux efforts en faveur du perfectionnement des individus. C'est là que sera la solution, car, au risque de parodier Archimède, on peut dire aujourd'hui : Donnez-moi le point d'appui des qualités individuelles, et avec le levier de l'instruction je soulèverai le monde.

VI.

Il est temps de conclure, mais le lecteur voudra bien remarquer que nous ne sommes pas sorti du cadre des faits, afin de rester constamment dans la vérité, et pour que chacun puisse conclure, comme nous, dans le sens le plus conforme aux nécessités actuelles.

Si ces faits portent avec eux d'utiles enseignements, il ne nous semble pas douteux qu'au point de vue de la régénération que tout le monde désire parce qu'elle est devenue indispensable, il est impossible de séparer désormais l'instruction et l'éducation, pas plus qu'on ne doit séparer le levier du point d'appui. C'est, croyons-nous, l'un des moyens les plus puissants, les plus certains, de donner à la France d'aujourd'hui les Archimèdes dont elle a tant besoin, mais à la condition de rester en dehors de tout esprit de parti. C'est le triste privilége de la politique de gâter tout ce qu'elle touche, et nous en sommes, hélas! saturés, pénétrés, sursaturés; c'est une incrustation générale; on en a mis partout, on en a fourré partout, même là où il n'en fallait pas. Quel gaspillage d'intelligence, de temps, de forces vives et d'argent ! Mais, poursuivons.

Peut-on faire l'éducation civique, c'est-à-dire le développement des qualités individuelles, et comment pourrait-on y parvenir ? C'est ce qu'il nous reste à examiner.

Chez nous, l'éducation proprement dite n'existe pas, ou au moins elle n'existe que d'une façon illusoire, car l'on n'entend guère par éducation qu'une sorte de dressage inintelligent, applicable aux belles manières, au maintien, aux formes extérieures surtout, et à l'apparat personnel, c'est-à-dire au grand art des

apparences. Mais dans la pratique ordi-
naire des choses d'ici-bas, les enfants
qui vont quitter la famille pour entrer
dans la vie et faire souche à leur tour,
ne connaissent *rien* des nécessités de
la vie ni des conditions auxquelles ils
devront se conformer pour se frayer
les voies, pour réussir d'une manière
avouable et se rendre ainsi utiles à
eux-mêmes et à la communauté. Ils
ne sont pas même éclairés sur le choix
des carrières qu'il peuvent embrasser,
sur celles qui sont le plus en harmo-
nie avec leurs aptitudes naturelles. Ils
ne savent pas, parce qu'on ne leur a
rien fait voir, ou parce qu'ils n'ont vu
que ce qui était autour d'eux, et cela
se borne, le plus souvent, à la carrière, à la profession, ou au métier du

père. Hors de là, ils n'ont rien vu.
Donc, tout leur manque puisque la
comparaison elle-même leur fait défaut, car on ne voit que l'un des côtés
de la vie dans les livres et à l'école.

Il faut bien tenir compte de ce qui
est et voir les choses comme elles sont.
Hormis les familles éclairées, dans lesquelles on trouve un chef intelligent,
instruit, et doué des solides qualités
personnelles qui sont la condition de
l'autorité et du respect, on peut dire,
d'une manière générale, que l'initiation du jeune homme aux choses les
plus positives de la vie qu'il a intérêt
à connaître, n'existe pas. « Il fera
tout ce qu'il voudra pourvu qu'il travaille. » Voilà l'expression générale ;
c'est un vieux mot tout fait que chacun

répète, mais on ne va pas plus loin, et l'enfant est lancé dans la vie comme un bouchon que l'on jetterait à la mer ; il ne sait pas où il va, et ceux qui l'ont ainsi jeté par-dessus le bord ne le savent pas plus que lui. C'est triste, mais c'est surtout très-réel. A-t-on bien le droit de trouver que c'est assez ? Les faits et les résultats sont là pour répondre.

Voilà pour la très-grande majorité des enfants. Voyons les priviligiés de l'instruction. Le jeune lettré, le bachelier, sait-il davantage où il va ? C'est douteux, bien que le pauvre enfant se persuade trop souvent qu'il a doublé le cap de Bonne-Espérance de la vie, parce qu'il a un diplôme en poche. Sans doute, il s'est ouvert une grande porte au milieu de l'immensité, mais il n'a encore rien vu, ou plutôt il n'a vu qu'avec les yeux des autres, et à travers les lunettes de son professeur, mais il n'a aucun chemin tracé devant lui ; il n'a de perspective qu'un horizon sans limite, et, presque toujours, il est incapable de dresser son itinéraire, parce qu'il ignore ce que sont les réalités de la vie positive, parce qu'il ne sait pas, parce qu'il n'a rien *vu*, parce qu'il n'a appris que de l'instruction, emmagasiné que du savoir, peu ou pas de savoir-faire, et parce qu'en somme il n'a personne pour le guider.

Le point de départ de la vie, c'est souvent toute la vie. Combien de jeunes gens, d'excellents enfants, au cœur chaud, remplis de bonne volonté, de droites intentions, pleins d'ardeur, d'enthousiasme, de patriotisme, de généreuses aspirations et de tout ce qui constitue la vitalité, la force et la virilité, qui n'ont fait fausse route que parce que personne autour d'eux ne les a guidés, ou parce que le père, homme sans culture, mal doué d'ailleurs, était incapable de concevoir clairement, nettement, les nécessités de la vie, et par conséquent d'y initier ses enfants, ou bien parce que son infériorité relative lui interdisait fatalement l'autorité nécessaire pour convaincre, pour agir efficacement sur l'esprit de sa famille? Combien d'exemples ne citerait-on pas à l'appui, même en ne s'arrêtant qu'aux noms de quelques-uns des

hommes les plus apparents de ce temps-
ci ? Est-ce qu'avant de mettre une
génération aux prises avec les nécessités de la vie il n'est pas simplement
juste et sage de l'initier à ces difficultés? C'est élémentaire.

Un enfant dont le point de départ
est manqué, c'est presque toujours un
homme à la mer. S'il se sauve, il le
devra *uniquement* à ses fortes qualités personnelles et à l'énergie de son
caractère, mais combien, hélas ! qui
ne peuvent avancer, qui luttent vai-
nement, qui échouent, qui finissent
par succomber, à défaut du gouver-
nail nécessaire pour pouvoir se diriger
vers le port. Il n'y a pas de civilisation, ni de fortune, ni d'intelligence
qui tienne : il faut toujours en revenir

aux qualités qui sont d'ordre naturel
et qui sont le fondement de toutes les
choses de la vie. Point n'est besoin
d'esprit, pour juger de la valeur de ces
vérités-là , il suffit d'avoir du bon
sens.

L'instruction laïque et l'instruction
religieuse sont maintenant aux prises ;
soyez sûr que le succès restera à celle
qui saura faire le développement des
qualités. Mais il n'y a d'absolu que le
relatif, et tout le monde se trompe quand
tout le monde parle de l'instruction
comme étant notre seule planche de
salut. Comment ne voit-on pas que ce
sont les qualités actives et positives qui
dominent au village, et l'instruction qui
y manque. A la ville, c'est justement
le contraire, au moins d'une façon gé-

nérale ; c'est l'instruction qui déborde, et les qualités actives qui font défaut, qui tendent de plus en plus à disparaître. Or, je vous défie de faire utilement de l'instruction sans le développement des qualités.

Si donc nous tenons compte de l'état des choses, la conclusion suivante s'imposera nécessairement à nous, à savoir que l'instruction ne représente pas plus un absolu général que l'éducation, mais qu'il faut tenir compte des circonstances et des milieux; c'est-à-dire, pour la question qui nous occupe, qu'il faut développer l'instruction au village, et développer les qualités à la ville. Il n'y pas d'autre solution. Malheur à nous si cette solution doit dépandre du bon plaisir des coteries ou des partis! Il y a trois genres, ou plutôt trois degrés de supériorité : l'intelligence, l'instruction et les qualités. Ces trois conditions *réunies* sont nécessaires pour constituer les hommes complets. C'est là qu'il faut viser, car c'est là qu'est le but. En dehors de ce résultat, nous ne pouvons avoir que des valeurs de convention, d'apparat, nous sommes en plein paganisme, car il n'y a plus que de faux dieux et de fausses idoles.

Il y a donc là une lacune, c'est certain. Il y a quelque chose à tenter, à faire dans cette direction, et c'est dans ce quelque chose qui nous manque qu'il faut, croyons-nous, songer à introduire les moyens qui permettront d'agir sur chaque génération dans le

sens du développement des qualités
actives et positives. Faites des qualités,
et tout le reste viendra par surcroît.

Pourquoi, par exemple, ne fonde-
rait-on pas des maisons spéciales
d'éducation civique qui seraient pour
la jeunesse un moyen d'initiation à
toutes les choses de la vie pratique et
positive, c'est-à-dire à toutes les carrières, à toutes les professions et aux
conditions qui sont indispensables pour
réussir dans chacune d'elles?

Rien ne serait plus simple, croyons-
nous, quant à la réalisation; et sans
avoir la prétention de formuler ici un
programme dont la composition défi-
nitive devrait nécessairement être
discutée et arrêtée par une réunion
d'hommes spéciaux, nous pouvons du

moins indiquer des idées générales pouvant, au besoin, servir de premier canevas. D'ailleurs, les moyens importent peu, quant à présent; l'essentiel c'est la réalisation de l'idée.

Nous l'avons déjà dit ailleurs, et c'est le moment de le répéter ici : Economiquement, les peuples et les individus ne vivent pas de ce qu'ils mangent, mais de ce qu'ils gagnent, de ce qu'ils produisent d'utile par le travail et l'échange, c'est-à-dire à la faveur de l'agriculture, de l'industrie et du commerce. En dehors de là et des carrières scientifiques qui sont le fanal, qui illuminent tout, et qui sont, par conséquent, de première nécessité, tout le reste n'est que de l'accessoire et ne vit, en vraie réalité, qu'aux dépens de tout ce qui produit. Donc, il faut s'attacher au principal, aux forces vives qui font la puissance et la grandeur nationales, en même temps qu'elles assurent la prospérité publique. C'est là que sont les masses, et c'est là, par conséquent, qu'il faut agir.

Pour éviter le gaspillage des forces, il faut d'abord leur imprimer une bonne direction, et, pour cela, éclairer de toute la lumière de l'expérience acquise ces générations qui ne se fourvoient et qui ne s'égarent que parce qu'elles n'ont pas été suffisamment guidées, parce qu'on n'a rien fait jusqu'ici pour l'initiation de l'individu aux choses de la vie, pour faire naître des vocations, pour créer des aptitudes et des qualités individuelles,

ou au moins aider à leur développement.

L'éducation civique, comme nous
la concevons, ne saurait être confon-
due avec l'instruction proprement dite,
car il y a là deux actions parfaitement
distinctes, deux résultats différents,
bien que chacune d'elles aboutisse à
un enseignement spécial. A l'instruction, tout ce qui constitue le savoir
dans toutes les branches des connaissances humaines. A l'éducation civique,
tout ce qui pourra contribuer au développement des qualités individuelles
en passant par l'initiation aux choses
de la vie pratique et positive, ainsi
qu'aux carrières principales. Enseigner de l'expérience, voilà le but de
l'éducation civique, mais en même

temps faire des aptitudes, des vocations
et faire naître des qualités. L'instruction doit donner le savoir, et l'é-
ducation doit donner les conditions du
savoir-faire et de la réussite.

Entrons dans les détails. Nous pensons que pour obtenir de l'éducation
civique tout ce qu'elle pourrait donner
en résultats utiles, il serait indispensable que les carrières principales y
fussent représentées, notamment l'a-
griculture, l'industrie, le commerce,
la navigation et peut-être la magistra-
ture et l'armée, mais chacune selon
l'ordre de leur importance économique
et sociale.

Bien entendu, on n'enseignerait là
ni la science agricole et industrielle,
ni la législation. Mais on y énonce-

rait, avec le plus grand soin, les aptitudes et les conditions qu'exige chacune de ces carrières, et surtout les différentes qualités actives et positives nécessaires pour réussir et assurer le succès.

Des hommes spéciaux, choisis dans chacune de ces carrières, dans toutes les branches du travail national, et pris, de préférence, parmi ceux dont le point de départ aura été des plus modestes, mais qui, grâce à de fortes qualités, ont su s'élever honorablement et de beaucoup au-dessus de leur origine, seraient chargés, suivant un programme arrêté à l'avance par le conseil de direction, d'initier les élèves à toutes les exigences de chaque carrière, et surtout d'en faire la preuve en s'aidant de l'autorité des faits, des chiffres, des exemples, des succès et des insuccès.

Nous croyons aussi qu'il serait important de faire *voir* aux jeunes gens, comme moyen de fixer leurs choix et d'aider leurs vocations, c'est-à-dire les faire juger, *de visu*, de ce que c'est que l'agriculture, l'industrie, le commerce, la navigation, en allant visiter avec eux diverses exploitations agricoles, industrielles, commerciales et maritimes, et en les leur faisant voir surtout au point de vue de la direction générale, de l'administration, des capitaux nécessaires et du produit.

Certainement, on trouverait partout, dans toutes les carrières, des hommes distingués, des praticiens de l'agriculture, de l'industrie, du commerce et de la navigation, qui considéreraient comme un devoir patriotique de donner leur concours à une œuvre aussi éminemment utile, et qui tiendraient à honneur d'y attacher leurs noms.

Une pareille création ne saurait être qu'un acte de dévouement et non une affaire de spéculation. Ce serait l'école mutuelle du dévouement et du patriotisme, avec cette modeste devise : *pro patria*, et sous la réserve formelle, absolue, que toute pensée politique serait expressément bannie.

L'éducation civique doit être un terrain neutre, une œuvre nationale n'appartenant à aucun parti, ne rele-

vant que d'elle-même et de son amour
du bien public.

Le patriotisme, c'est le devoir, tous
les devoirs envers le pays, abstraction
faite de tout système politique quelconque. Voilà du moins comment nous
comprendrions une œuvre de cette
importance, et parce que nous sommes
fermement convaincu que c'est le seul
moyen de la faire aboutir.

Il ne nous paraît pas douteux
qu'une période scolaire de quatre mois
serait parfaitement suffisante, mais
comme nous ne pouvons présenter ici
que des idées générales, il y aurait lieu à
compléter ce projet dans tous ses points
de détails. Ajoutons encore que nous ne
saurions concevoir un plan d'éducation
civique quelconque sans une forte dis-

cipline, presque militaire , car elle
doit être aussi un moyen de prépara-
tion, d'initiation à la vie militaire à
laquelle tous les jeunes gens vont être
heureusement appelés, et auxquels on
ménagerait ainsi une transition qui
sera peut-être plus nécessaire qu'on
ne pense.

Pour faire aboutir un pareil projet,
il faut deux choses : des hommes de
cœur et de l'argent. Je m'inscris im-
médiatement pour 5,000 fr., mais sous
la réserve bien formelle qu'aucun bé-
néfice ne sera réalisé au profit des
fondateurs, et que, si l'école réalise
des bénéfices, ils devront être uniquement consacrés à des bourses et à des
demi-bourses, au profit de pauvres
enfants frappés par des malheurs de

famille. Je ne saurais concevoir autrement une création appelée à servir de type et de modèle, et à se propager ensuite dans toute la France.

A ceux des lecteurs desquels je n'ai pas l'honneur d'être connu et qui désireraient savoir qui je suis, voici ma réponse : Elevé sur les bancs d'une école gratuite, et successivement apprenti, ouvrier, contre-maître, directeur, patron, et fondateur d'un établissement français dans la Mer Glaciale, je viens payer ma dette à l'instruction à laquelle je dois tout, parce que ma conviction bien réfléchie est qu'une création comme celle que je propose rendrait à mon pays les plus importants services.

1789, qui a commis de grandes

fautes, a dit : De l'audace, encore de l'audace, toujours de l'audace ; 1871, qui marque une date fatale, et qui laisse au cœur de chacun de nous une blessure profonde et de cruelles douleurs, devra dire : Du bon sens, encore de l'honnêteté, et toujours de l'énergie.

Maintenant que la proposition est formulée, que le concours de tous est sollicité, au moins pour de bons et sages avis, et que la souscription est ouverte, j'attends !... *Pro patria.*

F. ROHART.

Juillet 1872.

APPENDICE

PROJET

DE

**Commission municipale de propaga-
tion scientifique et de protection au
travail,** ou, plus simplement : **Commission consultative scientifique et
industrielle, au service des com-
munes.**

———————

Il pleut des idées aujourd'hui, mais
il s'agit de savoir ce qu'elles valent au
juste, c'est-à-dire quels services elles

peuvent rendre. Examinons celle-ci, car c'est une suite naturelle de celle que nous venons de formuler. Mais d'abord un mot sur son origine.

Lors du siége de Paris, il pleuvait aussi, dans les bureaux du ministère de la guerre et des mairies, des avant-projets, des projets, des sous-projets et des contre-projets de défense. C'était une véritable avalanche de systèmes, une grêle de projectiles et d'engins nouveaux, de conceptions étranges, bizarres, impossibles, péchant presque toutes par le côté de la réalisation pratique.

Les bureaux militaires étaient littéralement envahis, assiégés, investis par tous les chercheurs de bonne volonté qui ne demandaient qu'à sauver

Paris et la France, et surtout à leur épargner la honte d'une honteuse capitulation.

Il fallut imaginer une sorte de paragrêle ; on créa des comités scientifiques de défense qui furent institués dans chacun des arrondissements de Paris, et à l'examen desquels on renvoyait tous les projets des inventeurs, sauf à adresser ensuite aux ministres compétents les idées qui paraissaient avoir une valeur probable.

L'idée était bonne ; c'était une simplification et un contrôle, mais elle n'a rien produit, parce que les conceptions fantastiques qui ont été passées au crible de l'examen n'ont pu résister à une épreuve sérieuse.

Ces comités, institués à la demande

du ministre de la guerre et du ministre de l'instruction publique, étaient
composés d'un chimiste, d'un ingénieur et d'un architecte. Ainsi que cela
se passe ordinairement chez nous, il y
a eu beaucoup de réunions, mais peu
de résultats, beaucoup d'embarras et
fort peu de bonne besogne, hormis la
souscription des canons et la fabrication immédiate de ceux-ci par l'industrie privée, ainsi que le projet qui
va suivre.

Vers la fin du siége, les comités
scientifiques de défense des vingt
arrondissements de Paris, réunis en
assemblée générale, à propos de l'ex-
piration prochaine de leur mandat,
formulèrent la proposition suivante,
que nous tenons à exhumer, parce

que nous croyons fermement qu'elle
pourrait rendre de réels services. On
n'a pas le droit de laisser tomber une
idée dans l'oubli lorsqu'on est bien
convaincu qu'elle peut être utile à
autrui, et surtout au pays.

Voici donc cette proposition :

COMITÉS SCIENTIFIQUES

DE DÉFENSE

DES

VINGT ARRONDISSEMENTS DE PARIS

~~~

COMMISSION DE RÉORGANISATION

COMPOSÉE DE

MM. E. PELOUZE, POINSOT, MAURE, JACQUEMIN,

COMBE, MAURICE, DELAPPARANT,

CARDOT ET ROHART.

Présidence de M. F. ROHART, Auteur de la Proposition.

Séances des 3, 5 et 9 Décembre 1870,

8
~~~

RÉSUMÉ DES DÉLIBÉRATIONS

A l'unanimité des Membres présents,

——•———

..... Pour l'avenir , demandons à être *comité consultatif* au service des municipalités et de leurs administrés, pour leur fournir gratuitement les renseignements ou conseils de toute nature, dans toutes les branches de la science et du travail, appliqués aux besoins de la vie.

Ces comités prendaient le titre de :

Commission municipale de propagation scientifique et de protection au travail, ou bien : *Commission consultative scientifique et industrielle.*

Ces commissions seraient composées de sept membres au moins, et de onze au plus, désignés par les maires, et choisis de manière à obtenir une réunion d'hommes spéciaux pris, de préférence, parmi ceux qui, ayant participé à la vie active, en connaissent bien toutes les nécessités, et qui, ayant fait surtout du travail utile et productif, en connaissent également les aspirations légitimes et les besoins de chaque jour.

Autant que possible, chaque commission municipale serait composée d'un agronome ou d'un agriculteur, d'un chimiste , d'un ingénieur des arts et manufactures , d'un ingénieur de quelqu'une des autres écoles de l'Etat, d'un ancien officier d'artillerie ou du génie, d'un ouvrier mécanicien (chef d'atelier ou contremaître), d'un médecin, d'un instituteur et d'un négociant tous notoirement connus, soit par des travaux antérieurs d'un caractère évident d'utilité générale, ou comme s'étant distingués dans la carrière qu'ils ont suivie.

Les avantages généraux et particuliers que l'Etat, les municipalités et les citoyens trouveraient à cette création sont les suivants : Renseignements fournis aux municipalités et aux citoyens de chaque arrondisse-

ment sur toutes questions scientifiques
ou techniques pouvant les intéresser ;
renseignements fournis également aux
inventeurs sur les travaux déjà publiés
qu'ils ont intérêt à connaître, ainsi
que sur les antériorités de brevets.

Le moment est venu de rendre justice à l'invention, de lui tendre la main,
et de reconnaître que nous lui devons
la réalisation pratique de toutes les
grandes créations de ce siècle, qui ont
si puissamment contribué au développement de la prospérité générale et
de la fortune publique, mais personne
ne doit oublier la part glorieuse qui
revient aux maîtres illustres dont les
travaux scientifiques ont ouvert la voie
à toutes les inventions. Nous avons
tous le devoir de nous souvenir de

cela, c'est justice; de même que nous devons avoir à cœur de faire oublier au plus tôt que le *sic vos non vobis* des temps anciens a pu s'appliquer si exactement aux travailleurs du XIXe siècle, et aussi bien aux savants qu'aux inventeurs.

On n'a pas fait jusqu'ici, en faveur du travail utile, tout ce qu'on aurait pu faire dans l'intérêt commun. Un avis donné à propos, par un chimiste à un industriel, peut lui épargner bien des mécomptes; il en est de même pour l'ingénieur expérimenté auprès du petit constructeur, comme de l'agronome auprès du modeste cultivateur.

En se plaçant à un point de vue plus large et plus général, la commis-

sion de réorganisation pense qu'il serait utile d'étendre à la province la
fondation dont il s'agit; attendu que
c'est là surtout qu'une bonne et salutaire impulsion pourrait être donnée
en faveur de la multiplication des
fermes-écoles, afin de généraliser
partout l'enseignement technique et
pratique de l'agriculture.

N'oublions pas que la France est
essentiellement agricole par son sol et
son climat, que c'est là qu'elle
trouve ses ressources les plus pré-
cieuses et ses plus grandes richesses.
Nous pensons qu'il y a également lieu
de songer à augmenter le nombre des
écoles des arts et métiers, non plus
au point de vue spécial de la construction des machines seulement, mais en

tenant compte des besoins des autres industries, et spécialement de celles des fils et tissus, ainsi que des arts chimiques proprement dits.

Nous croyons aussi que les comités devraient toute leur sollicitude à la question du travail des enfants et des apprentis dans les ateliers et manufactures, ainsi que chez les particuliers.

Il existe bien des lois et des décrets qui régissent la matière, mais on ne les exécute pas.

Les comités seraient donc tenus de s'enquérir et de signaler à la commune toutes les contraventions et tous les abus qui arriveraient à leur connaissance.

De même, les comités pourraient s'occuper très-utilement de rechercher

et d'indiquer les fraudes ou les falsi-
fications portant sur toutes les matières premières livrées par le commerce, et employées par l'industrie ou
par l'agriculture, aussi bien que sur
les substances alimentaires, mais sauf
à signaler ces dernières aux divers
comités d'hygiène et de salubrité, desquels cette question relève directement. En tous cas, les avis, les conseils des commissions seraient tout
paternels; leur concours serait absolument désintéressé et ne devrait
jamais être que l'expression d'un sentiment purement patriotique.

Au besoin, les membres composant
ces commissions feraient, à la demande
de leurs mairies, des conférences publiques ou cours élémentaires sur toutes

questions d'utilité commune et d'actualité intéressant principalement la famille, c'est-à-dire l'économie générale ou domestique, telles que chauffage, éclairage, alimentation, hygiène générale, sans oublier tout ce qui est utilisable et qui reste encore à utiliser.

Ces commissions auraient également le devoir de donner tout leur concours en faveur de la création des bibliothèques municipales, et elles le pourraient avec d'autant plus d'autorité que les membres composant ces commissions seraient, dans la commune, les représentants naturels de toutes les branches de l'activité humaine, et de toutes les productions du travail utile. Ces membres, eu égard à leurs connaissances techniques, devraient user de tout leur pouvoir pour faire comprendre qu'il ne faut pas se borner désormais à l'instruction seule, mais s'attacher à développer, par l'éducation, les qualités personnelles, actives et positives qui font les hommes utiles, et assurent les succès individuels, en même temps qu'elles font la force, la puissance et la grandeur des nations.

Pour atteindre ce but, la sollicitude des comités devrait s'étendre aux *écoles professionnelles*, à l'effet d'insister sur la nécessité de faire grandir chez les enfants les facultés qui leur permettront de devenir des organisateurs et des administrateurs, aussi bien que des ouvriers habiles.

Pour toutes ces questions, les *comités* devraient s'inspirer des conclusions formulées par les différentes commissions qui, précédemment, ont été chargées de faire des enquêtes sur l'enseignement technique et les écoles professionnelles, et poursuivre la réalisation des vœux qui ont été formés à ce sujet, car si on a eu raison de s'attacher beaucoup au perfectionnement des machines et des outils, on aura bien plus raison en faisant désormais de sérieux efforts en faveur des perfectionnements individuels.

En embrassant ce cadre, en restant constamment placées au point de vue patriotique et utilitaire, il est impossible que ces commissions ne rendent pas de réels services à la commune, aussi bien qu'à la famille elle-même, c'est-à-dire à la généralité des citoyens et par conséquent à la patrie.

Il y a donc lieu d'espérer que ces fondations bien comprises se multiplieraient partout dans les départements, et qu'elles contribueraient à un mouvement régénérateur dont la nécessité n'est plus contestable.

Ce trait d'union entre la commune et ses administrés établirait certainement, nécessairement, des rapprochements fréquents et un échange de bonnes et utiles relations, une communauté d'idées et de sentiments patriotiques toujours désirable.

En conséquence, la commission conclut en demandant que les *comités scientifiques de défense nationale* présentent aux ministres desquels ils relèvent, un projet de réorganisation, conformément au plan général qui vient d'être exposé et sauf à en tracer ensuite le programme détaillé si les ministres le désirent.

POUR COPIE CONFORME :

Les Vice-Présidents des vingt Comités réunis,

E. PELOUZE, F. ROHART.

1818 — Imp. A. Michels, passage du Caire, 8 et 10.

BIBLIOTHEQUE NATIONALE DE FRANCE

3 7531 05429158 9